Suchita Gupta
Abhipsha Khobragade
Bhagyashree Patil

Estrutura hidropónica de fluxo profundo

Suchita Gupta
Abhipsha Khobragade
Bhagyashree Patil

Estrutura hidropónica de fluxo profundo

para Espinafre

ScienciaScripts

Imprint

Cover image: www.ingimage.com

This book is a translation from the original published under ISBN 978-3-659-54651-8.

Publisher:
Sciencia Scripts
is a trademark of
Dodo Books Indian Ocean Ltd. and OmniScriptum S.R.L publishing group

120 High Road, East Finchley, London, N2 9ED, United Kingdom
Str. Armeneasca 28/1, office 1, Chisinau MD-2012, Republic of Moldova, Europe
Printed at: see last page
ISBN: 978-620-7-86476-8

Conteúdo

Lista de abreviaturas

%	-	per cent
^0c	-	Degree Celsius
Cm	-	centimeter
et al.	-	et alia (and other's)
Fig.	-	Figure
g	-	Gram
i.e.	-	That is
Min	-	Minutes
/	-	Per
@	-	at the rate
Kg	-	Kilogram
M	-	Meter
Mm	-	Millimeter
Viz.	-	Videlicet (Namely)
GP	-	Germination percentage
hrs	-	Hours
CD	-	Critical difference
N	-	North
E	-	East
No.	-	Number
Km	-	kilo meter

CAPÍTULO 1

INTRODUÇÃO

Com o advento da civilização, a agricultura de campo aberto/com base no solo está a enfrentar alguns desafios importantes; o mais importante é a diminuição da disponibilidade de terra per capita. Em 1960, com 3 mil milhões de habitantes no mundo, a terra per capita era de 0,5 ha, mas atualmente, com 6 mil milhões de pessoas, é de apenas 0,25 ha em 2013 e, em 2050, atingirá 0,16 ha, devido à rápida urbanização e industrialização (Mamta D. Sardare, 2013). Além disso, o estado de fertilidade do solo atingiu um nível de saturação e a produtividade não está a aumentar ainda mais com o aumento do nível de aplicação de fertilizantes. Além disso, a fraca fertilidade do solo em algumas das áreas cultiváveis, a menor possibilidade de desenvolvimento natural da fertilidade do solo pelos micróbios devido ao cultivo contínuo, as frequentes condições de seca e a imprevisibilidade do clima e dos padrões meteorológicos, o aumento da temperatura, etc. Nestas circunstâncias, num futuro próximo, será impossível alimentar toda a população utilizando apenas o sistema de produção agrícola em campo aberto. A horticultura lida naturalmente com estes desafios e a cultura sem solo está a tornar-se mais relevante no cenário atual. Na cultura sem solo, as plantas são cultivadas sem solo. Métodos melhorados de conservação do espaço e da água para a produção de alimentos em culturas sem solo têm mostrado resultados prometedores em todo o mundo. Em 1929, o Dr. William F. Gericke, da Universidade da Califórnia, conseguiu cultivar videiras de tomate com 7,5 m de altura em soluções nutritivas. A este novo sistema de produção deu o nome de "hidroponia", uma palavra derivada do grego para refletir a importância de "Hydros" (água) e "Ponos" (trabalho). Assim, a hidroponia rompeu os limites do laboratório e entrou no mundo da horticultura prática.

O termo hidroponia designava originalmente a cultura em solução nutritiva. No entanto, o cultivo de culturas em meios sólidos inertes com solução nutritiva também está incluído na hidroponia em sentido lato. Durante as décadas de 1960 e 1970, foram desenvolvidas explorações comerciais de hidroponia em Abu Dhabi, Arizona, Bélgica, Califórnia, Dinamarca, Alemanha, Holanda, Irão, Itália, Japão, Federação Russa e outros países. Durante os anos 80, muitas explorações de hidroponia automatizadas e computorizadas foram estabelecidas em todo o mundo. Os kits de hidroponia doméstica tornaram-se populares durante a década de 1990.

Existem várias vantagens do sistema hidropónico, ou seja, não é necessário terreno. Pode ser praticado mesmo em andares superiores, espaços abertos e em estruturas protegidas. O cultivador não terá qualquer contacto direto com o solo. Pouco trabalho. Não há necessidade de fazer canteiros, mondar, etc. O cultivo contínuo é possível em hidroponia. Não há doenças transmitidas pelo solo ou danos causados por nemátodos. É possível produzir fora de época. Verificou-se que muitas plantas produzem precocemente no sistema hidropónico. É possível obter rendimentos mais elevados com práticas de gestão correctas. É fácil contratar mão de obra, uma vez que o sistema de hidroponia é mais atrativo e mais fácil do que o cultivo no solo. Existe a possibilidade de cultivar uma grande variedade de vegetais e flores, incluindo antúrios, malmequeres, etc. O desperdício de água é reduzido ao mínimo. É possível cultivar plantas e estacas enraizadas sem partículas de solo.

Basicamente, existem cinco tipos de sistemas hidropónicos e o sistema de inundação e drenagem (também chamado de técnica de fluxo profundo) é um dos sistemas hidropónicos que funciona inundando temporariamente o leito a 2-3 cm de profundidade com solução nutritiva que flui através de tubos de PVC de 10 cm de diâmetro, nos quais são colocados vasos de rede de plástico com plantas. A quantidade excessiva de solução nutritiva é drenada de volta para o reservatório. Esta ação é normalmente realizada com uma bomba submersa. Os vasos de plástico que contêm materiais de plantação e os seus fundos tocam a solução nutritiva que flui nos tubos. Os tubos de PVC podem ser dispostos num plano ou em forma de ziguezague, dependendo dos tipos de culturas cultivadas. Este é um sistema versátil que pode ser utilizado com uma variedade de meios de cultivo.

O espinafre é um vegetal de folha verde. Pode ser cultivado tanto em campo aberto como em sistema hidropónico. Cientificamente é conhecido como spinacia oleracea, pertence à família do amaranto. Está repleto de nutrientes e antioxidantes e é considerado muito saudável. O consumo de espinafres pode beneficiar a saúde dos olhos, reduzir o stress oxidativo, ajudar a prevenir o cancro e reduzir a pressão arterial. Em peso, os espinafres são constituídos por 91,4% de água, 3,6% de hidratos de carbono e 2,9% de proteínas. Existem 23 calorias em 100 gramas de espinafres. Os espinafres são ricos em fibras solúveis que podem ajudar a beneficiar a saúde de várias formas. Os espinafres são uma excelente fonte de muitas vitaminas e minerais, ou seja, vitamina A, vitamina C, vitamina KI, ácido fólico, ferro e cálcio.

As espécies de espinafres da variedade ALL GREEN podem ser cultivadas durante todo o ano. As plantas de espinafres da variedade All Green têm cerca de 15-20 cm de altura. É extremamente nutritiva e rica em cálcio e ferro. Basicamente, o NPK 19-19-19 é utilizado para fornecer nutrientes à cultura de espinafres.

Muitas pessoas gostam de utilizar vasos individuais cheios de meio de cultura, o que facilita a deslocação das plantas ou mesmo a sua entrada ou saída do sistema.

Tendo em conta as vantagens acima referidas da hidroponia, propôs-se, assim, realizar a presente investigação com os seguintes objectivos

1. Conceber a estrutura hidropónica de fluxo profundo.
2. Para cultivar vegetais de folha em estrutura hidropónica de fluxo profundo.
3. Estudar as características biométricas do espinafre em hidroponia de fluxo profundo.

CAPÍTULO 2

REVISÃO DA LITERATURA

A literatura disponível relativa a vários aspectos relacionados com o presente inquérito foi analisada e apresentada a seguir:-

Vegetais de folha:

O Dr. William F. Gericke (1929), da Universidade da Califórnia, conseguiu cultivar videiras de tomate com 7,5 m de altura em soluções nutritivas. Chamou a este novo sistema de produção "hidroponia", uma palavra derivada do grego para refletir a importância de "Hydros" (água) e "Ponos" (trabalho).

John W. Bartok Jr. (1989), conduziu uma investigação na Universidade de Connecticut sobre alface durante os anos 70, não tendo sido observados problemas de doenças. Limpar as bancadas com um algicida entre as culturas e manter os tanques cobertos reduzirá os problemas de algas. Até à data, o sistema de inundação e drenagem tem funcionado com sucesso, com muitas culturas, incluindo Poinsettias, Kalanchoes miniroses, cactos de Natal e crisântemos. A investigação sobre o método de produção para outras culturas está a ser realizada em várias universidades.

Estruturas hidropónicas:

Ken Hammond (1998), conduziu investigação sobre sistemas hidropónicos para reduzir as necessidades de espaço e o tempo de crescimento necessário para produzir uma cultura. Uma vez que não há solo envolvido, não é necessário lavrar e não há ervas daninhas para combater. A quantidade de produtos químicos necessários é reduzida.

O Centro Asiático de Investigação e Desenvolvimento de Produtos Hortícolas (AVRDC) (1998), que efectuou uma investigação no Bureau of Plant Industry (BPI), Los Banos National Crop Resources and Development Centre, mencionou que o rendimento médio do Pakchoi no campo é de 8720 kg/acre.

Dayananda e Whundeniya (2001) concluíram que o fornecimento de nutrientes no sistema de inundação e drenagem (DFT) era muito melhor do que no outro sistema hidropónico e que a absorção de nutrientes era rápida. Além disso, este sistema tinha um bom arejamento do que os outros sistemas. O espaçamento era maior e proporcionava condições de escuridão para o desenvolvimento das raízes.

Hershey D. R (2008), mencionou que o cultivo de plantas em cultura de solução é mais fácil do que a cultura do solo, porque não há necessidade de solo sujo, não há doenças ou pragas no solo, a irrigação é menos frequente na cultura de solução do que na cultura do solo. As raízes são visíveis e o ambiente da zona radicular é facilmente monitorizado e controlado.

Masoud Torabi et.al (2012), concluíram que a hidroponia proporcionava condições adequadas para identificar os efeitos individuais dos elementos na qualidade e quantidade da produção, porque nos sistemas hidropónicos há menos interacções relevantes para as propriedades do solo.

Harley N. Smith (2013), concluiu que a hidroponia é um método de cultivo ideal para a produção de ervas culinárias e medicinais. Não só as ervas hidropónicas crescem mais rapidamente, como têm significativamente mais sabor e aroma do que as ervas cultivadas no solo. De acordo com uma investigação realizada na Universidade de Minnesota, é um facto conhecido que as ervas cultivadas em hidroponia têm 20-30% mais óleos aromáticos do que as cultivadas no campo. Por conseguinte, um pequeno jardim de ervas hidropónico pode proporcionar uma colheita contínua de produtos de boa qualidade num espaço relativamente pequeno.

Mamta D. Sardare et.al (2013), deu a lista de culturas que podem ser cultivadas a nível comercial usando cultura sem solo, como mostrado na Tabela No. 2.1. Também comparou as médias hidropónicas com os rendimentos normais das culturas no solo, como se mostra no Quadro 2.2, e apresentou a produção de legumes em cultura sem solo na Índia, como se mostra no Quadro 2.3.

Quadro nº 2.1 Lista de culturas que podem ser cultivadas em hidroponia:

Tipo de culturas	**Nome das culturas**
Cereais	Oryza sativa (Arroz), Zea mays (Milho), Aipo
Legumes	Lycopersicon esculentum (Tomate), Capsicum frutescens (Malagueta), Solanum melongena (Brinjal), Phaseolus vulgaris (Feijão verde), Beta vulgaris (Beterraba), Psophocarpus tetragonolobus (Feijão alado), Capsicum annum (Pimentão), Brassica oleracea var. capitata (Couve), Brassica oleracea var. botrytis (Couve-flor), Cucumis sativus (Pepinos), Cucumis melo (Melões), Raphanus sativus (Rabanete), Petroselinum crispum (Salsa), Mentha spicata (Hortelã), Ocimum basilicum (Manjericão), Origanum vulgare (Orégãos) Pokchoi Allium cepa (Cebola)
Legumes de folha	Lactuca sativa (Alface), Ipomoea aquatica (Kang Kong)
Ervas	Petroselinum crispum (Salsa), Mentha spicata (Hortelã), Ocimum basilicum (Manjericão), Origanum vulgare (Orégãos) Pokchoi
Culturas medicinais	Aloé vera (Aloé indiano), Solenostemon scutellarioides (Coleus)
Flores / Ornamentais	Tagetes patula (Calêndula), Rosa berberifolia (Rosas), Dianthus

Culturas	caryophyllus (Cravos), Chrysanthemum indicum (Crisântemo)
Frutos	Fragaria ananassa (Morango)

Quadro n.º 2.2 Comparação do rendimento hidropónico com o rendimento normal no campo

Nome da cultura	Rendimento médio. Rendimento em hidroponia kg/acre.	Rendimento médio. Rendimento em condições normais kg/acre.
Trigo	2265	271
Aveia	1360	365
Arroz	5443	340
Milho	8628	680
Soja	680	271
Raiz de beterraba	9071	4082
Couve	8164	5896
Ervilhas	6350	907
Couve-flor	13607	6803
Alface	9525	4082
Dedo de senhora	8618	3628
Pepino	12700	3175

Quadro n.º 2.3 Produção de vegetais em cultura sem solo na Índia

Legumes	Produção (gm/m2/dia)
Cenoura	56.5
Pepino	226
Alho	57
Gengibre	57
Alho-porro	57

Feijão verde	113
Alface	226
Cebola	56.5
Peapod	113
Batata	56.5
Verduras para salada	226
Tomate	113
Verdes	113

Ramasamy Rajesh Kumar e Jae Young Cho (2014), os investigadores cultivaram com sucesso várias espécies de plantas em solução de resíduos hidropónicos com elevado rendimento. Assim, esta revisão aborda os problemas associados à libertação da solução de resíduos hidropónicos no ambiente e a possível reutilização da solução de resíduos hidropónicos como um recurso alternativo para o desenvolvimento da agricultura e para controlar a poluição ambiental.

Jensen, M.H. 2002. Hidroponia de fluxo profundo - Passado, presente e futuro. Proc. Nat. Agr. Plastics Congress 30:40-46. Afirma que este método de hidroponia continua a crescer em popularidade devido à capacidade de controlar as temperaturas das raízes, quer aquecendo as soluções nutritivas quer arrefecendo as soluções para reduzir o aparecimento de bolbos, especialmente importante nas regiões tropicais e desérticas do mundo.

Libia I. Trejo-Tellez e Fernando C. Gomez-Merino

Colegio de Postgraduados, Montecillo, Texcoco estudou Soluções nutritivas para sistemas hidropónicos e concluiu que o capítulo visa explicar aspectos relacionados com a nutrição das plantas e os seus efeitos na produção de culturas hidropónicas, considerando aspectos básicos como as soluções nutritivas e a sua evolução ao longo dos anos; componentes das soluções nutritivas (macro e micronutrientes)

Abrar H. Shah, Sher Muhammad, Safdar H Shah, Shamsul muneer e Masoodur Rehman estudaram a comparação de duas receitas de soluções nutritivas para a cultura de espinafres num sistema hidropónico sem circulação e afirmaram que a receita da solução de Cooper de 1988 (de concentração total e %) se revelou significativamente melhor do que a receita da solução de Imai de 1987 no que respeita à maioria dos parâmetros estudados.

Brechner, M. e D. deVilliers. 2012 Manual para a produção de espinafres hidropónicos cultivados em CEA, Comell Controlled Environment Agriculture (CEA), Universidade Comell. Este manual descreve o método que desenvolvemos para a produção de espinafres cujas folhas são suficientemente pequenas para serem consideradas "espinafres para bebé". Um obstáculo significativo à produção hidropónica de espinafres é um agente patogénico transmitido pela água, chamado Pythium aphanadermatum, que ataca as raízes e causa má qualidade e morte da colheita. Dedicámos muito tempo à investigação de formas de prevenir e tratar esta doença e esse método é descrito neste manual.

Ngo Thuy Diem Trang2*, Hans-Henrik Schierupl e Hans Brixl estudaram o crescimento, a produtividade e a absorção de nutrientes de quatro espécies de hortícolas de folha (Lactuca sativa, Ipomoea aquatica, Brassica rapa var. chinensis e Brassica rapa var. parachinensis) numa experiência de crescimento controlado com três tratamentos de inundação das raízes (drenado, semi-inundado e inundado) para avaliar as suas necessidades preferenciais de crescimento hidropónico, produção de biomassa e capacidade de remoção de nutrientes.

A UC Davis, do Vegetable Research and Information Center, estudou a cultura sem solo de produtos hortícolas em estufa e apresentou diferentes fórmulas de soluções nutritivas.

S. Nxawe, C. P. Laubscher e P. A. Ndakidemi estudaram o efeito da temperatura regulada da água de irrigação na produção hidropónica de espinafres (Spinacia oleracea L.)

Primitive Jose Asantos &Eureka Teresa Mocampo estudaram Snap hydropomcs: desenvolvimento e potencial para a produção urbana de vegetais.

Murali Mugundhan. R, Soundaria. M, Maheswari. V, Santhakumari. P e Gopal. V. estudaram a "HYDROPONICS"- uma nova alternativa para o cultivo geopónico de plantas medicinais e de culturas alimentares e concluíram que esta técnica pode ser adaptada como um passo para produzir culturas alimentares e plantas medicinais para satisfazer a procura global, para controlar o aquecimento global e, assim, conservar a natureza.

Aatif-Hussain*l, Kaiser Iqbal*l, Showket Aziem*l, Prasanto Mahato*2, A.K. Negi* estudaram uma revisão sobre a ciência do cultivo de culturas sem solo (cultura sem solo) - uma nova alternativa para o cultivo de culturas.

Ramasamy Rajesh Kumar e Jae Young Cho (2014), os investigadores cultivaram com sucesso várias espécies de plantas em solução de resíduos hidropónicos com elevado rendimento. Assim, esta revisão aborda os problemas associados à libertação da solução de resíduos hidropónicos no ambiente e a possível reutilização da solução de resíduos hidropónicos como um recurso alternativo para o desenvolvimento da agricultura e para controlar a poluição ambiental.

Jose G. Pena, Extension Economist-Management estudou a produção de vegetais em estufa, considerações económicas, marketing e financiamento para analisar a situação económica da indústria do tomate em estufa na parte centro-sul dos EUA, do ponto de vista do produtor individual. O tamanho, tipo e custo de uma estrutura de estufa foi revisto para identificar a operação típica e para determinar o custo de construção e operação por unidade de medida. Os dados relativos ao custo, rendimento e preço foram analisados para determinar a rentabilidade de uma operação típica. O aumento da concorrência de fontes de abastecimento alternativas e o aumento dos custos de produção das estufas numa situação de procura relativamente elástica parecem ser a causa da desvantagem competitiva.

Shaiitanu Kumar Saha ,Ritsumeikan Asia Pacific University observou Soilless Cultivation for Landless People-An Alternative Livelihood Practice through Indigenous Hydroponic Agriculture in Flood-prone Bangladesh e concluiu que a hidroponia indígena é uma prática viável num país propenso a inundações como o Bangladesh, que muito provavelmente terá cada vez menos terra disponível para alimentar a sua população, à medida que o nível do mar sobe.

Harry Ako, Ph.D.estudou Como Construir e Operar um Sistema Aquapónico Simples de

Pequena a Grande Escala.

Nicholas A. Heredia estudou a conceção, a construção e a avaliação de uma torre hidropónica vertical e concluiu que "os sistemas de torre foram concebidos e construídos com muito trabalho, tempo e esforço, mas depois de concluída a instalação o sistema foi capaz de produzir alface de alta qualidade a um ritmo rápido".

O Departamento de Agricultura do Ministério da Agricultura do Srilanka estudou em pormenor os diferentes tipos de sistemas hidropónicos, bem como as suas dimensões e os diferentes acessórios necessários para a hidroponia e os instrumentos necessários.

Xin Zhangl,2 , Xiaojun Qiaol,Wengang Zheng2,*, Cheng Wang2 , Yunhe Zhang2 INational Engineering Research Center for Information Technology in Agriculture, 100097, Beijing, China 2Beijing Research Center for Intelligent Agricultural Equipment, 100097,Beijing, China estudou "The Design of Portable Equipment for Greenhouse's Environment Information Acquirement base on Voice Service"

B. A. Kratky ,Department of Tropical Plant and Soil Sciences estudou um método hidropónico não circulante de vaso com rede suspensa para a produção comercial de alface de folha, romaine e semi-polvilhada

Brianna L. Lawrence estudou o cultivo de plantas num sistema de hidroponia versus um sistema tradicional baseado no solo: uma comparação de custos, crescimento e manutenção.

A Elia, P Santamaria e F Serio estudaram a nutrição azotada, o rendimento e a qualidade do espinafre e concluíram que, quando cultivadas em solução, as plantas de espinafre confirmaram a preferência pela nutrição com NO e mostraram uma forte toxicidade para o nitrogénio. Ao aumentar o nível de N, o rendimento, o teor foliar de nitratos e oxalatos aumentaram.

Esmail Babakhanzade Sajirani*l, Mohammad Javad Shakouri2 e Saeed Mafakheri3 estudaram a resposta da produção de espinafres (Spinacia oleracea) e a absorção de nutrientes à ureia e ao estrume. Os resultados que obtiveram da investigação são que a experiência que foi conduzida em 2007 no Centro de Investigação Agrícola, Shahrud, Irão, para avaliar o efeito da ureia e do estrume no rendimento dos espinafres, na absorção de nutrientes e na acumulação de nitratos, deu os resultados que indicaram que taxas mais elevadas de aplicação de ureia e estrume aumentaram o rendimento; a interação de 300 kg de ureia/ha x 45 toneladas de estrume/ha aumentou o rendimento em cerca de 54% em comparação com o controlo. Além disso, a acumulação de nitratos foi maior nas amostras colhidas de manhã do que nas colhidas à noite.

Jaya Sharma e Sunita Agarwal estudaram o impacto dos fertilizantes orgânicos no crescimento, rendimento e qualidade dos espinafres e concluíram que o "fertilizante orgânico" produzido com resíduos orgânicos digeridos por minhocas é rico em NKP, micronutrientes, micróbios benéficos para o solo - "bactérias fixadoras de azoto e solubilizadoras de fosfato" e "actinomicetos". Estes são excelentes promotores e protectores do crescimento. Os resultados indicam claramente que os fertilizantes orgânicos, bem como a vermicultura, podem ser utilizados em práticas hortícolas sustentáveis; a sua utilização generalizada pode ser benéfica para melhorar o estado de saúde através da utilização de produtos hortícolas orgânicos.

CAPÍTULO 3

MATERIAIS E MÉTODO

O presente estudo foi realizado para o desenvolvimento de uma estrutura hidropónica de fluxo profundo e para o cultivo de vegetais de folha em sistema hidropónico de fluxo profundo. O sistema foi criado no departamento de estruturas agrícolas, CAET, DR P.D.K.V, AKOLA

O sistema é constituído pelos seguintes componentes principais

Tabela No.3.1 Lista dos materiais utilizados:

Material	**Tamanho**	**Quantidade**
Tabuleiro de mudas	10 chávenas x 7 chávenas	2
Espuma	70cm x 30cm	1
Sementes de espinafres	30 gm	-
Tubos de PVC	Diâmetro: 3 polegadas Comprimento: 1,5 m	10
Estrutura de ferro	1,5 m x 0,5 m	2
Motor	0,5HP	1
T-shirts	3 polegadas	8
Cotovelo	3polegadas	8
Tanque	50 litros	1
Tubo	Diâmetro: 1,5 polegadas Comprimento: 1m	3
Água		50 litros

Fig. No. 3.1 Seedling Tray

Fig.No.3.2 Seedling tray with Foam

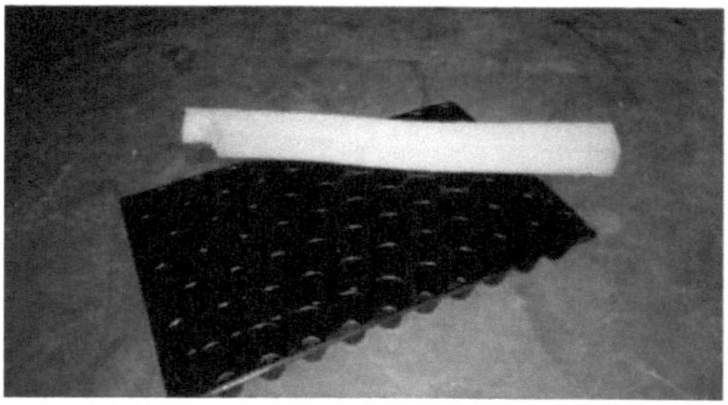

Fig. No.3.3 Tabuleiro de mudas e espuma utilizada

Tabela No.3.2 Solução nutritiva (50 litros de água):

Elemento	Quantidade em mg	Composto
Nitrogénio	1180	Ureia
Fósforo	300	DAP
Potássio	1500	MOP
Cálcio	923	Cloreto de cálcio
Magnésio	250	Sulfato de magnésio
Enxofre	340	
Ferrosos	60	Sulfato ferroso
Mangnese	10	Sulfato de manganês
Zinco	0.50	Sulfato de zinco
Cobre	0.50	Sulfato de cobre
Boro	1.50	Ácido bórico
Molibdénio	1	Molibdato de sódio hidratado

✓Detalhes sobre a solução nutritiva (para solução de 50 litros):

✓Uma dose de 100g de NPK 19-19-19 e 200ml de solução de micronutrientes.

Desenvolvimento de uma estrutura hidropónica de fluxo profundo:

A estrutura hidropónica de fluxo profundo foi desenvolvida no Departamento de Estruturas Agrícolas do CAET, Dr. PDKV, Akola. A estrutura foi concebida para cultivar vários vegetais utilizando água como meio com solução nutritiva. A estrutura foi concebida numa área de 3 metros quadrados. A estrutura construída é constituída por uma armação, que contém provisões para conter 4 tubos de PVC de cada vez.

A armação da estrutura era feita de ferro. Foi concebida para suportar os tubos de PVC. A estrutura tinha 1,5 m de comprimento e 0,5 m de largura e uma altura de 0,5 m. Os parâmetros de conceção foram definidos de forma a poder conter 4 tubos de 3 polegadas de diâmetro e 1,5 m de comprimento. Foram necessários 6 Tês e 2 cotovelos por estrutura para ligar os tubos à tubagem de entrada e de saída. Foram feitas duas estruturas, uma foi colocada dentro da estufa e a outra foi colocada no campo aberto.

Ambas as estruturas foram construídas e unidas por um tubo que transporta a solução nutritiva do tanque para os tubos. O diâmetro dos copos utilizados para o transplante era de quase 4 cm. Fizeram-se buracos no tubo com o mesmo diâmetro dos copos, de forma a colocar oito copos de plástico a igual distância. A distância entre cada copo era de quase 15 cm. Os tubos foram ligados à tampa da extremidade de ambas as estruturas, de modo a que o excesso de água de ambas as estruturas fosse devolvido ao tanque e recirculado. A estrutura foi concebida de modo a que todos os copos recebessem a mesma quantidade de água.

Os copos tinham pequenos cortes para que a água chegasse às plantas. Os copos também tinham pequenos orifícios no fundo para que as raízes pudessem penetrar num local adequado para que pudessem ingerir os nutrientes da solução necessários para o seu crescimento.

A estrutura foi concebida de modo a que a solução nutritiva extra seja recolhida para o tanque, que pode ser novamente recirculado.

Tanque de solução nutritiva:

> O tanque de plástico com capacidade de 50 litros estava a ser utilizado para o projeto. O tanque foi enchido com a água e a solução nutritiva necessária para a planta de espinafre. Uma dose de 100g de NPK 19-19-19 e 200ml de solução de micronutrientes que contém:

> **Quadro n.º 3.3 Componentes da solução de micronutrientes**

Micronutrientes	**QUANTIDADE (g/ 200 ml)**
Zinco	6 gm
Molibdénio	0,2 gm
Cobre	2gm
Ferro	5gm

Mangnese	2gm
Boro	2 gm

Acionamento elétrico:

Foi utilizado um motor de 0,5 CV de potência para bombear a água do tanque para os tubos.

Instrumentos:

1. Foi utilizado um luxímetro para medir as intensidades luminosas.

2. Foi utilizado um higrómetro para detetar a temperatura e a humidade relativa.

3. Foi utilizado um medidor de pH para detetar a acidez e a alcalinidade da solução nutritiva.

Fig. 3.4 Desenho de engenharia da estrutura hidropónica de fluxo profundo:

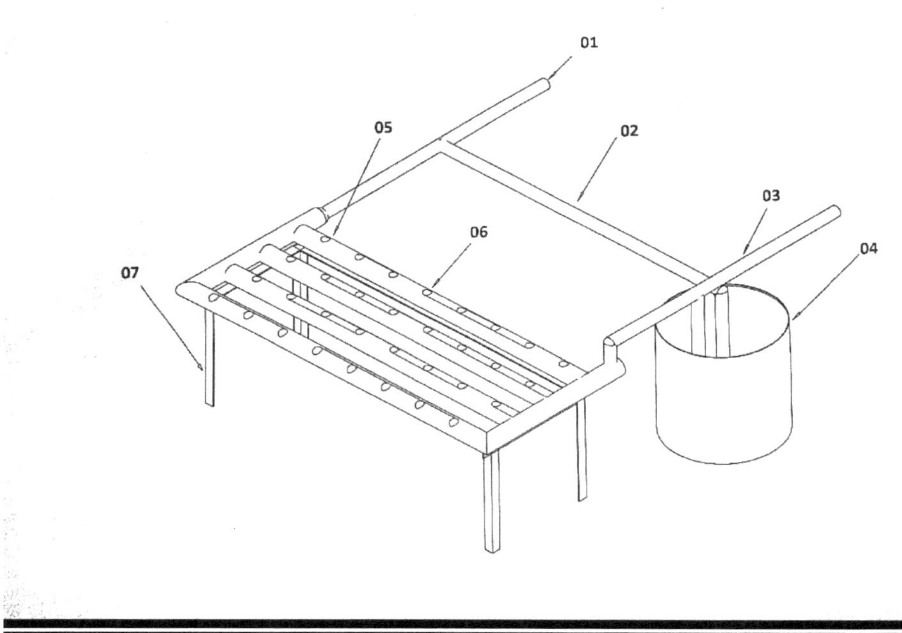

Onde:

l. Tubo de saída (0,5 polegadas)

2. Tubo de retorno do caudal (0,75 polegadas)

3. 1 entrada (0,5 polegadas)

4. Tanque de solução nutritiva (50 1)

5. Tubos de PVC (3 polegadas de diâmetro, 1,5 m de comprimento)

6. Orifícios para chávenas (3,5 cm

7.Quadro para segurar tubos diâmetro)

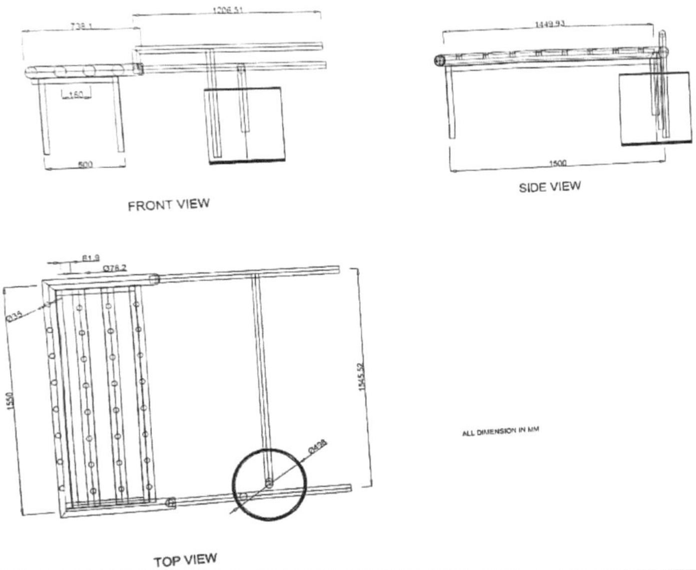

Fig No.3.5 Vista frontal, lateral e superior da estrutura

Fig. 3.6 Estrutura hidropónica de fluxo profundo

 # Técnica Deep Flow:

Trata-se de um método de cultivo de vegetais de folha numa jangada flutuante de plástico expandido.

Este método de hidroponia continua a crescer em popularidade devido à capacidade de controlar as temperaturas das raízes, quer aquecendo as soluções nutritivas quer arrefecendo as soluções para reduzir o aparecimento de bolhas, especialmente importante nas regiões tropicais e desérticas do mundo.

Este sistema de hidroponia foi designado por Deep Flow Hydroponics (Jensen e Collins, 1985) e existe atualmente em muitos países do mundo, nomeadamente nos Estados Unidos, no Japão e no Canadá.

A técnica de fluxo profundo é o método de cultivo de plantas e vegetais no fluxo contínuo de água e a água contém solução nutritiva.

Plântula e Germinação;

As sementes de espinafre da variedade 'All Green' foram utilizadas para o cultivo. Para a germinação, utilizou-se o tabuleiro de plântulas com esponja. As sementes foram mantidas nos tabuleiros de plântulas para germinação. Cortou-se a esponja com um diâmetro igual ao do copo. A esponja cortada foi colocada no tabuleiro de plântulas. As sementes eram mantidas sobre a esponja e molhadas com água. Depois, a água era aplicada diariamente às sementes. A água era aplicada às sementes 5-6 vezes por dia, de modo a que a esponja se mantivesse húmida durante todo o dia.

A germinação das sementes de espinafre começou 3-4 dias após a germinação. As folhas começaram a nascer no dia 5th . A germinação das sementes foi de 100%. Algumas das folhas começaram a surgir aos 6-7th dias após a sementeira.

Após a germinação, as sementes são transplantadas para a estrutura.

Fig. 3.7 Germinação precoce de plântulas

Fig. No. 3.8 Germinação em bandejas de plântulas

Fig.No.3.9 Germinação e brotamento de folhas

Solução nutritiva:

A solução nutritiva era uma mistura de micro e macro nutrientes. Esta solução estava a ser vertida no tanque que continha água.

Transplantação:

Após a germinação das sementes, ou seja, após os 6 dias de sementeira, as sementes foram transplantadas para os orifícios dos tubos de PVC. O motor é ligado e a água flui através dos tubos. O excesso de água é devolvido ao tanque e, assim, a água é recirculada.

Detalhes sobre a Solução Nutritiva:

A solução nutritiva foi preparada com base na fórmula da solução de Cooper.

O pH da solução foi controlado por meio de um regulador de pH.

O pH foi equilibrado utilizando vinagre e bicarbonato de sódio como reguladores de pH.

Fig. 3.10 Crescimento do espinafre na estrutura

CAPÍTULO 4

RESULTADOS E DISCUSSÃO

O presente estudo foi realizado para o cultivo de vegetais de folha através do desenvolvimento de uma estrutura hidropónica de fluxo profundo para a produção de culturas em pequenas áreas utilizando apenas água.

No presente estudo, os resultados obtidos são os seguintes

4.1 Germinação de sementes-

A germinação das sementes de espinafre (All Green Variety) ocorreu após 5 dias da sementeira. A germinação das sementes obtidas com o presente sistema foi de 100%.

4.2 Irrigação-

Durante a germinação, a água foi fornecida continuamente em intervalos de 3-4 horas por dia, para que a esponja permanecesse molhada durante todo o dia. A água efetivamente aplicada à cultura foi de 6-7 litros por dia, e durante todo o período de crescimento apenas água com a solução de nutrientes foi fornecida continuamente às plantas.

4.3 Fases de crescimento das culturas-

1. Após 5-6 dias da sementeira (germinação)

As sementes de espinafre começaram a germinar na esponja. As folhas de cerca de 0,5 cm começaram a emergir. As raízes também começaram a crescer e atravessaram o buraco nos tabuleiros de plântulas.

2. Após 10 dias da germinação -

As sementes cultivadas no tabuleiro de plântulas foram transferidas para a estrutura e as culturas foram colocadas na solução nutritiva. A cultura tinha duas folhas verdes. A distância média entre as folhas era de 0,8 cm e a altura média era de quase 1 cm.

3. Após 12 dias da germinação-

O crescimento da cultura após 12 dias da germinação é mostrado na figura No. 4.4. As culturas colocadas na solução nutritiva apresentaram um bom crescimento. A distância média das folhas foi de 1 cm para as culturas exteriores e de 1,2 cm na estufa. A altura média foi de cerca de 2,5 cm para as culturas exteriores e de 3,1 cm para as culturas interiores. O comprimento e a largura médios da folha para a cultura exterior foi de 1,45 cm e 0,15 cm, respetivamente, e para a cultura interior foi de 1,5 cm e 0,3 cm, respetivamente

4. Após 17 dias da germinação-

O crescimento da cultura foi muito bom. As novas folhas começaram a crescer. A solução nutritiva foi a principal razão para o bom crescimento das culturas. A distância média das folhas para as culturas exteriores foi de 2,2 cm e a distância média das folhas novas foi de 1 cm. A distância média das folhas para as culturas interiores foi de 2,4 cm e para as folhas novas foi de 0,9 cm. A altura média da cultura exterior foi de 3,5 cm e a da cultura interior foi de 4 cm.

Tabela n.º 4.1 Leituras da intensidade da luz, temperatura e humidade relativa (casa de rede de sombra exterior)

S.N.	Data	Tempo	Intensidade luminosa (Lux)(x10)^3	Temperatura (°C)	RH(em %)
	10/12/16	8:00 AM	530	20	42
		12:00 PM	650	33	29
		4:00 PM	560	30	30
	11/12/16	8:00 AM	550	22	41
		12:00 PM	995	31.2	21.5
		4:00 PM	570	28	29
	12/12/16	8:00 AM	540	21	45
		12:00 PM	800	32	19
		4:00 PM	585	29	30
	13/12/16	8:00 AM	520	21.5	44
		12:00 PM	870	33	20
		4:00 PM	560	26.5	29
	14/12/16	8:00 AM	545	23	41
		12:00 PM	920	36	17
		4:00 PM	580	28.3	30
	15/12/16	8:00 AM	510	20	48
		12:00 PM	880	34	20
		4:00 PM	550	29	28
	16/12/16	8:00 AM	520	19	45
		12:00 PM	925	31.3	24
		4:00 PM	540	27	29
	17/12/16	8:00 AM	540	19.5	48
		12:00 PM	930	33	21
		4:00 PM	560	25	28
	18/12/16	8:00 AM	480	17	47

		12:00 PM	935	30	32
		4:00 PM	530	28	27
	19/12/16	8:00 AM	495	18.5	43
		12:00 PM	970	36	23
		4:00 PM	510	25	30
	20/12/16	8:00 AM	520	20.1	37
		12:00 PM	720	35.2	24
		4:00 PM	535	24.3	28
	21/12/16	8:00 AM	450	21.6	35
		12:00 PM	780	36.4	23
		4:00 PM	510	27.6	27
	22/12/16	8:00 AM	480	19.8	36
		12:00 PM	680	33	22
		4:00 PM	530	29.5	27
	23/12/16	8:00 AM	450	18.9	38
		12:00 PM	950	31.5	25
		4:00 PM	798	26.4	30
	24/12/16	8:00 AM	460	19	34
		12:00 PM	945	32	26
		4:00 PM	770	25.4	28
	25/12/16	8:00 AM	430	18	36
		12:00 PM	925	33	25
		4:00 PM	750	24.2	28
	26/12/16	8:00 AM	440	19	35
		12:00 PM	930	34.2	23
		4:00 PM	760	25	30
	27/12/16	8:00 AM	450	18.9	37
		12:00 PM	945	32.5	27

		4:00 PM	740	23.4	29
	28/12/16	8:00 AM	470	19	40
		12:00 PM	930	33	29
		4:00 PM	730	24	27
	29/12/16	8:00 AM	445	18.5	40
		12:00 PM	915	32.4	30
		4:00 PM	735	30	28
	30/12/16	8:00 AM	435	17	39
		12:00 PM	900	31	31
		4:00 PM	720	28	37
	31/12/16	8:00 AM	425	16.8	38
		12:00 PM	870	32	32
		4:00 PM	705	26	26

Tabela No.4.2 Leituras da intensidade da luz, temperatura e humidade relativa (no interior da Shadenet)

S.N.	Data	Tempo	Intensidade da luz (Lux)	Temperatura (°C)	RH(em %)
	10/12/16	8:00 AM	430	18.4	48
		12:00 PM	501	29.4	24
		4:00 PM	224	26.6	35
	11/12/16	8:00 AM	425	17.6	45
		12:00 PM	550	29.8	23.5
		4:00 PM	250	25.4	34
	12/12/16	8:00 AM	423	15.4	47
		12:00 PM	580	30.1	21
		4:00 PM	237	27.6	32
	13/12/16	8:00 AM	424	18.8	46
		12:00 PM	595	31.3	22

		4:00 PM	236	23.2	33
	14/12/16	8:00 AM	420	17	44
		12:00 PM	550	33.4	20
		4:00 PM	244	24.8	34
	15/12/16	8:00 AM	415	18.3	50
		12:00 PM	535	32.1	22
		4:00 PM	228	26.6	30
	16/12/16	8:00 AM	400	17.4	48
		12:00 PM	540	29.8	26
		4:00 PM	229	24.3	32
	17/12/16	8:00 AM	385	16.3	50
		12:00 PM	531	30.4	24
		4:00 PM	210	22.1	31
	18/12/16	8:00 AM	396	15.2	50
		12:00 PM	536	28.6	34
		4:00 PM	205	26.7	30
	19/12/16	8:00 AM	410	16.4	47
		12:00 PM	540	33.1	25
		4:00 PM	257	23.1	33
	20/12/16	8:00 AM	418	17.8	40
		12:00 PM	530	32.3	27
		4:00 PM	261	22.2	33
	21/12/16	8:00 AM	379	18.4	39
		12:00 PM	525	33.7	25
		4:00 PM	265	24.5	30
	22/12/16	8:00 AM	365	16.2	40
		12:00 PM	447	30.3	26
		4:00 PM	257	26.3	31

	23/12/16	8:00 AM	430	16	41
		12:00 PM	510	28.6	29
		4:00 PM	252	24.7	34
	24/12/16	8:00 AM	410	15.8	39
		12:00 PM	457	29.4	30
		4:00 PM	229	22.8	32
	25/12/16	8:00 AM	400	16.5	40
		12:00 PM	447	31.1	29
		4:00 PM	282	22.1	31
	26/12/16	8:00 AM	395	15.6	40
		12:00 PM	439	32.2	28
		4:00 PM	210	23.8	33
	27/12/16	8:00 AM	408	15.1	41
		12:00 PM	457	29.8	30
		4:00 PM	285	21.1	34
	28/12/16	8:00 AM	410	16.6	43
		12:00 PM	495	30.4	32
		4:00 PM	263	21.8	30
	29/12/16	8:00 AM	404	17.3	44
		12:00 PM	505	30.1	34
		4:00 PM	259	27.6	32
	30/12/16	8:00 AM	423	15	43
		12:00 PM	485	28.6	35
		4:00 PM	269	25.4	31
	31/12/16	8:00 AM	421	14.9	42
		12:00 PM	495	30.0	36
		4:00 PM	265	23.5	30

OS GRÁFICOS REPRESENTAM A COMPARAÇÃO ENTRE A TEMPERATURA, A INTENSIDADE LUMINOSA E A HUMIDADE RELATIVA DO EXTERIOR E DO INTERIOR DO SHADENET

GRÁFICOS DA TEMPERATURA DO EXTERIOR E DO INTERIOR DO SHADENET

ÀS 8:00

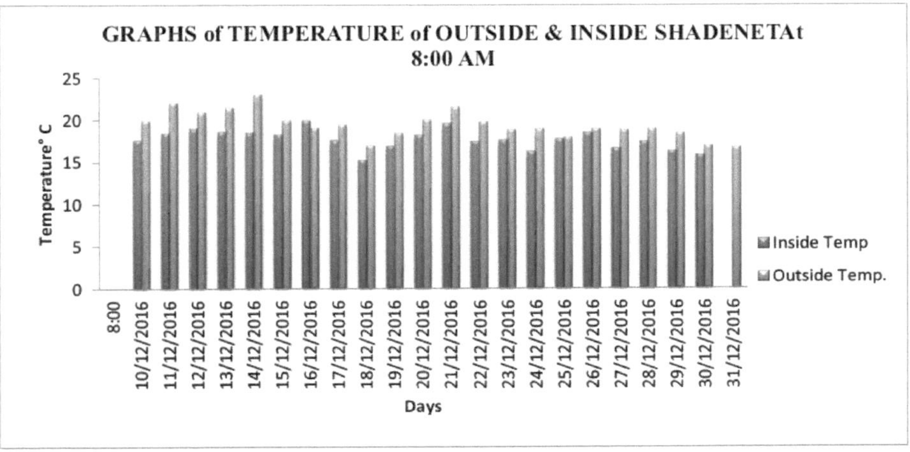

O gráfico acima representa a temperatura do campo aberto e da casa de shadenet às 8 horas da manhã durante o mês de dezembro. Observou-se uma variação de temperatura superior a 5-6 °C. A diferença máxima de temperatura foi observada no dia 14 de dezembro.

12:00 PM

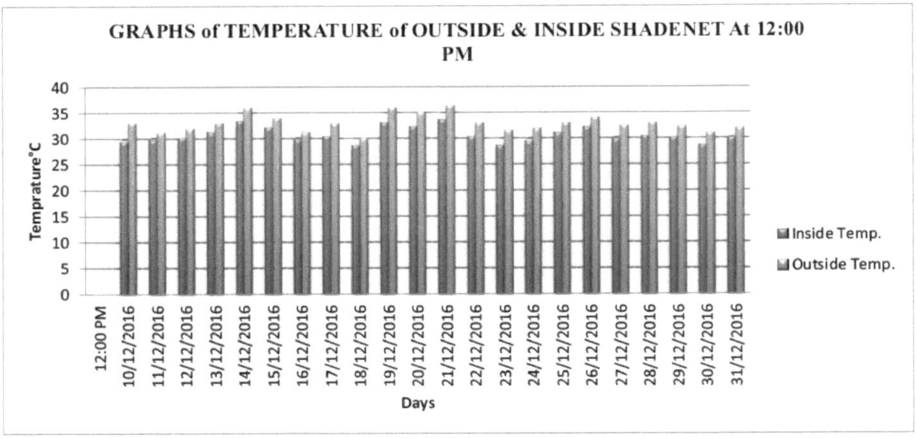

O gráfico acima representa a temperatura do campo aberto e da casa de shadenet às 12 horas durante o mês de dezembro. Observou-se uma variação de temperatura superior a 5-6 °C.

ÀS 16:00

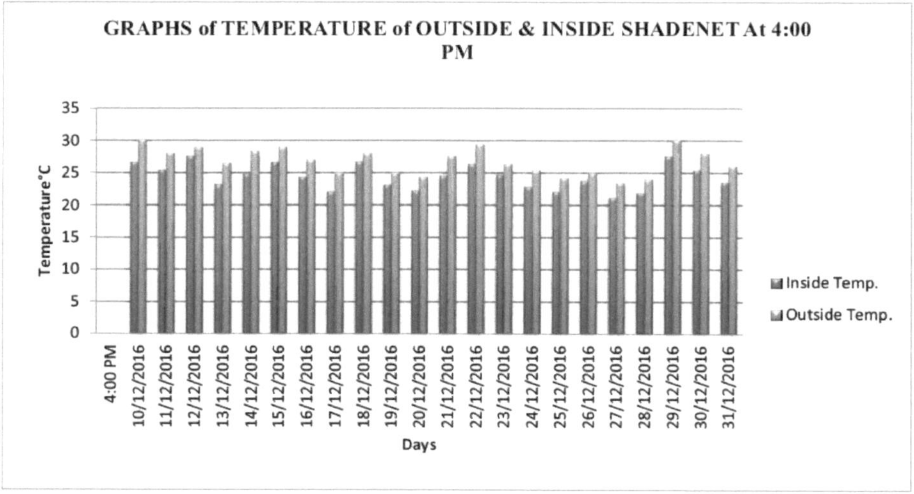

O gráfico acima representa a temperatura do campo aberto e da casa de shadenet às 16 horas durante o mês de dezembro. Observou-se uma variação de temperatura superior a 5-6 °C.

GRÁFICOS DE INTENSIDADE LUMINOSA DA SOMBRA EXTERIOR E INTERIOR

ÀS 8:00

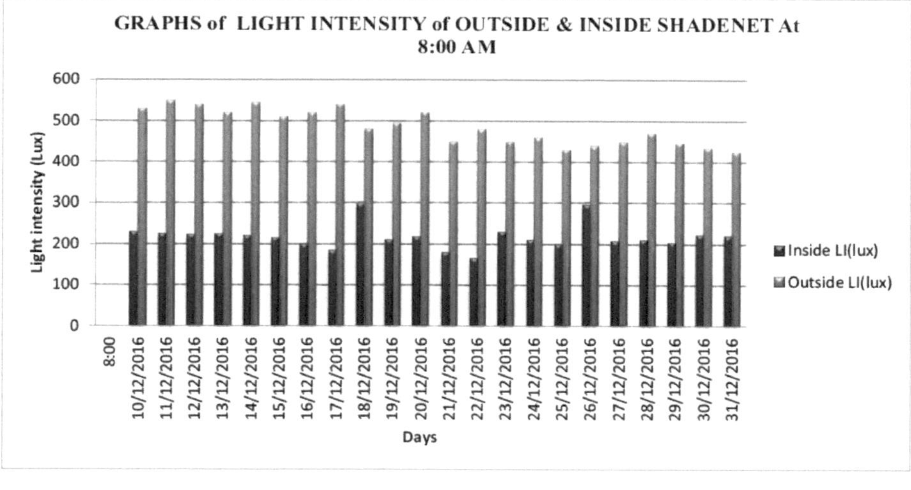

O gráfico acima representa as intensidades luminosas do campo aberto e da casa de shadenet no mês de dezembro, às 8 horas da manhã. A diferença de intensidade luminosa entre o campo aberto e o shadenet foi quase o dobro. A diferença máxima foi observada em 16th dezembro.

ÀS 12:00

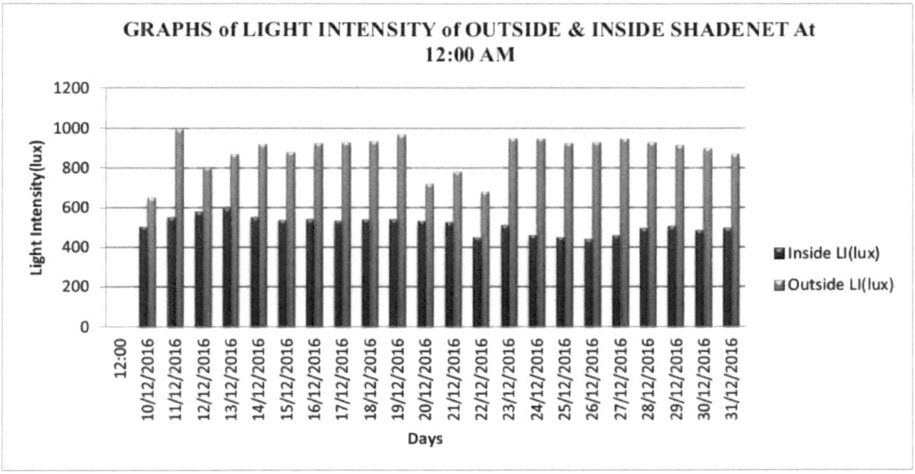

O gráfico acima representa as intensidades luminosas do campo aberto e da casa shadenet para o mês de dezembro às 12 horas. A diferença de intensidade luminosa entre o campo aberto e o shadenet é quase o dobro.

ÀS 16:00

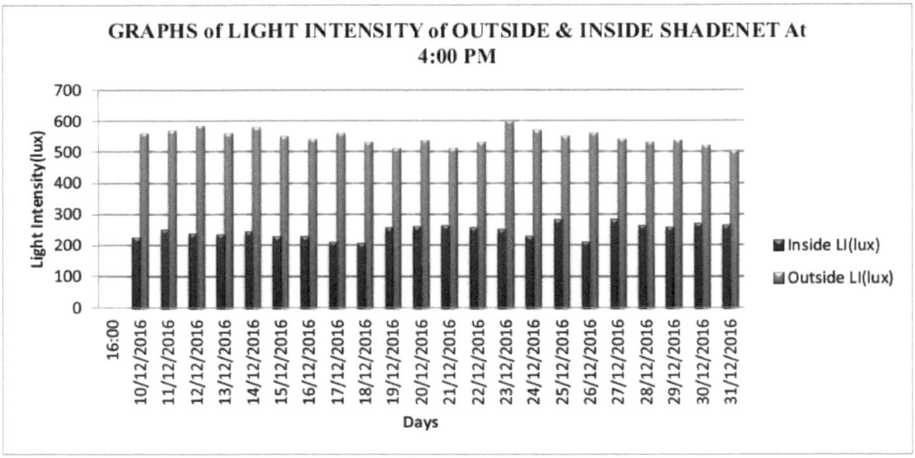

O gráfico acima representa as intensidades luminosas do campo aberto e da casa shadenet para o mês de dezembro às 16 horas. A diferença de intensidade luminosa entre o campo aberto e o shadenet é quase o dobro.

GRÁFICOS DE HUMIDADE RELATIVA DO EXTERIOR E DO INTERIOR DA HABITAÇÃO

8:00 AM

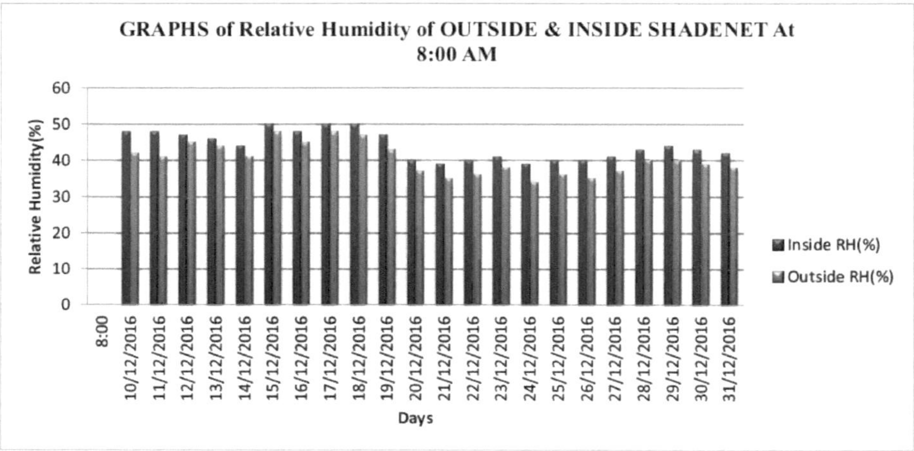

O gráfico acima representa a humidade relativa do campo aberto e da casa de shadenet para o mês de dezembro às 8 horas da manhã. Observou-se que a diferença de humidade relativa entre o campo aberto e o shadenet era de 8-9%.

ÀS 12:00

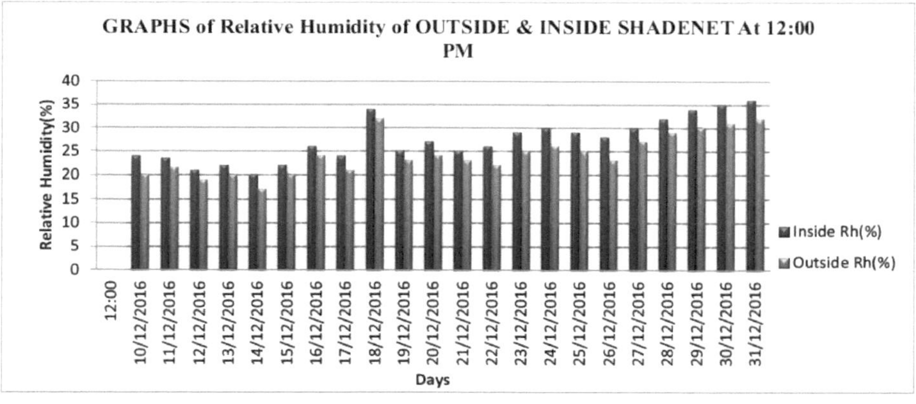

O gráfico acima representa a humidade relativa do campo aberto e da casa de shadenet para o mês de dezembro às 12 horas. Observou-se que a diferença de humidade relativa entre o campo aberto e o shadenet era de 8-9%.

ÀS 16:00

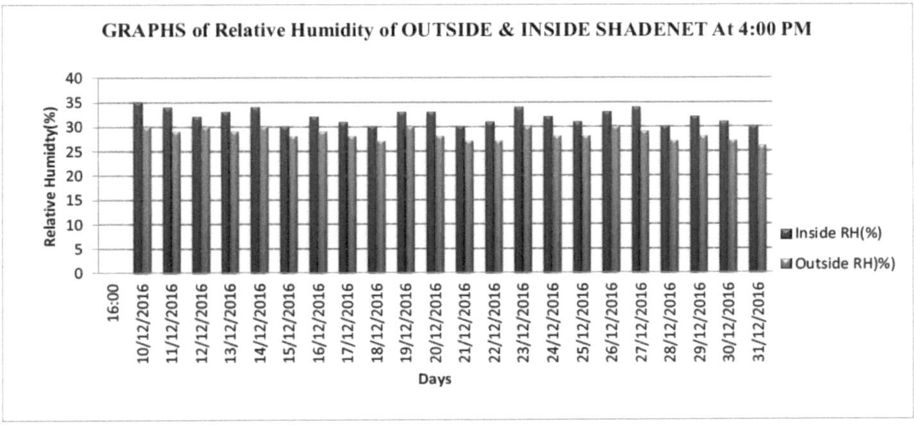

O gráfico acima representa a humidade relativa do campo aberto e da casa de shadenet para o mês de dezembro às 16 horas. Observou-se que a diferença de humidade relativa entre o campo aberto e o shadenet era de 8-9%.

Tabela (4.3)VALORES MÉDIOS DE TEMPERATURA, RH E INTENSIDADES LUMINOSAS DURANTE 1 MÊS

Tempo	Temperatura (°C)		Humidade relativa (%)		Intensidade da luz (Lux) (* 10^3)	
	No interior	No exterior	No interior	No exterior	No interior	No exterior
8:00 AM	18.2	21.2	48%	40%	252	495
12:00PM	30.4	37.55	30%	23.5%	458	870
4:00 PM	27.2	33.5	39.4 %	31 %	215	535

Gráfico dos valores médios de temperatura e humidade relativa para o mês de dezembro

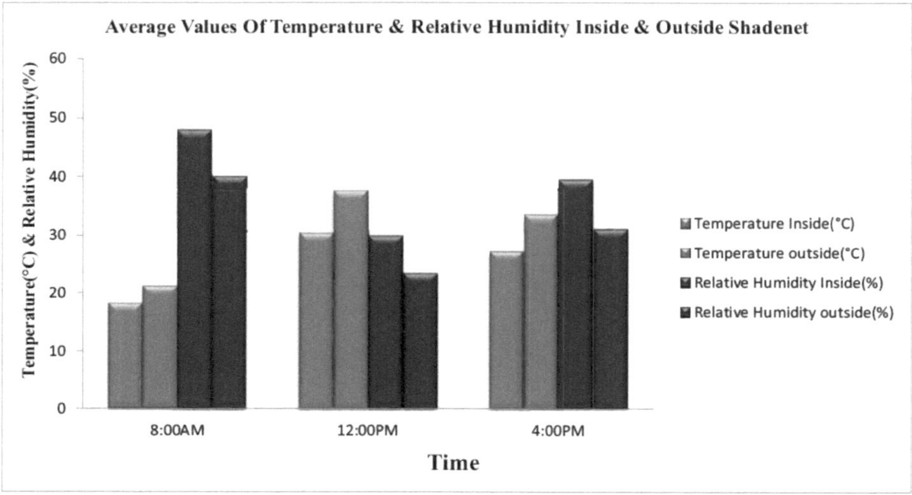

O gráfico acima representa os valores médios de temperatura e humidade relativa para o mês de dezembro, às 8:00, 12:00 e 16:00 horas, dentro e fora do shadenet. O gráfico mostra que a diferença de temperatura dentro e fora do shadenet foi de 5-6 °C e a diferença de humidade relativa dentro e fora do shadenet foi de 8-9%.

Gráfico dos valores médios das intensidades luminosas do interior e exterior da Shadenet para o mês de dezembro

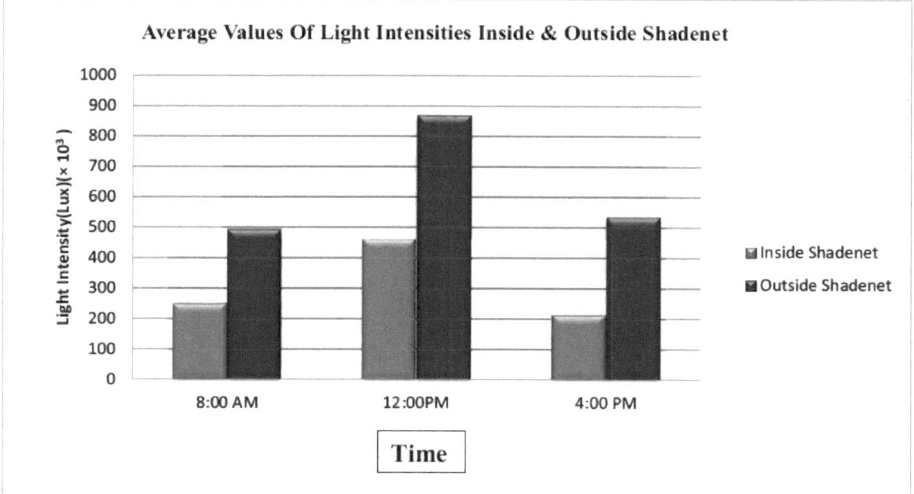

O gráfico acima representa os valores médios das intensidades luminosas do campo aberto e da casa de shadenet para o mês de dezembro às 8, 12 e 16 horas. A diferença das intensidades luminosas entre o campo aberto e o shadenet foi quase o dobro.

Características biométricas da planta de espinafre:

> Para registar várias observações biométricas, foram seleccionadas amostras de plantas de cada tubo e etiquetadas para a sua identificação.

> As características biométricas, como a altura da planta, o número de folhas e a área foliar, foram medidas a intervalos regulares.

> No intervalo de 5 dias, a altura da planta foi medida e o número de folhas foi contado manualmente.

Leituras das características biométricas das plantas

Quadro n.º (4.4) Fora da Shadenet Em 10/12/16

Número do centro	Data	Distância entre entrenós (cm)	Altura (cm)	Área foliar	
	10/12/16			Comprimento (cm)	Largura (cm)
1		1	3	1.5	0.3
2		0.85	3.2	1.4	0.1
3		1	3.2	1.8	0.2
4		1.35	2.1	0.9	0.2
5		1.4	2.1	1.3	0.3
6		0.7	2.1	1.1	0.15
7		1.1	3	1.5	0.2
8		0.7	2.9	1.2	0.2
9		1.5	3.5	1.9	0.2
10		0.6	3.5	0.9	0.15

A tabela acima representa as características biométricas das plantas de espinafre marcadas fora da estufa em 10/12/16. As características biométricas estudadas são a distância entre os entrenós, a altura da planta e a área foliar.

Quadro n.º (4.5)Dentro da Shadenet em 10/12/16

Número do centro	Data	Distância entre entrenós (cm)	Altura (cm)	Área foliar	
				Comprimento (cm)	Largura (cm)
1	10/12/16	1.2	3.2	1.5	0.3
2		0.9	3.5	1.2	0.3
3		0.9	3.7	1.2	0.2
4		1.1	3	1.3	0.2

5		1.1	3	1.1	0.15
6		1.3	3.9	1.5	0.40
7		1	2.7	1.5	0.15
8		1.5	2.8	2.9	0.40
9		1.6	2	0.6	0.09
10		0.7	3	1	0.2

A tabela acima representa as características biométricas das plantas de espinafre marcadas fora da estufa em 10/12/16. As características biométricas estudadas são a distância entre os entrenós, a altura da planta e a área foliar.

Quadro n.º (4.6) Fora da Shadenet em 15/12/16

Número do centro	Data	Distância entre entrenós (cm)	Altura (cm)	Área foliar	
	15/12/16			Comprimento (cm)	Largura (cm)
1		1.2	3	1.2	1
2		1.3	3	1.2	0.4
3		0.5	2.4	0.7	0.43
4		0.67	2	0.6	0.25
5		0.5	2.6	0.6	0.2
6		1	2	0.8	0.3
7		1.8	2.8	1.3	0.65
8		1	3.2	1	0.5
9		1.3	2.8	1	0.4
10		1	2.5	1.9	0.25

A tabela acima representa as características biométricas das plantas de espinafre marcadas fora da estufa em 15/12/16. As características biométricas estudadas são a distância entre os entrenós, a altura da planta e a área foliar.

Quadro n.º (4.7) No interior da Shadenet em 15/12/16

Número do centro	Data	Distância entre entrenós (cm)	Altura (cm)	Área foliar	
	15/12/16			Comprimento (cm)	Largura (cm)
1		0.7	4	1.7	1.5
2		0.5	4.5	1.9	2.4
3		0.6	4.2	1.7	1.43
4		0.8	5	1.6	1.25

5		1	4.6	1.8	1.2
6		1.3	4.5	1.4	1.3
7		0.9	4.8	1.5	1.5
8		0.8	4.2	1.7	1
9		0.7	3.8	1.6	0.9
10		0.65	3.5	2.5	0.85

A tabela acima representa as características biométricas das plantas de espinafre marcadas fora da estufa em 15/12/16. As características biométricas estudadas são a distância entre os entrenós, a altura da planta e a área foliar.

MesaNo. (4.8)Fora de Shadenet em 20/12/16

Número do centro	Data	Distância entre entrenós (cm)	Altura (cm)	Área foliar	
	20/12/16			Comprimento (cm)	Largura (cm)
1		2.2	3.5	2.1	1.5
2		2.4	3.9	2.3	1.4
3		2.5	3.4	1.1	0.8
4		1.67	2.9	1.6	0.9
5		2.5	3.6	1.8	0.85
6		1.8	3.1	1	1
7		1.8	3.8	1.9	1.1
8		2.3	3.9	1.8	1.2
9		2.8	3.4	2	1.4
10		1.9	4.6	2.2	1.25

A tabela acima representa as características biométricas das plantas de espinafre marcadas fora da estufa em 20/12/16. As características biométricas estudadas são a distância entre os entrenós, a altura da planta e a área foliar.

Quadro n.º (4.9)No interior da Shadenet em 20/12/16

Número do centro	Data	Distância entre entrenós (cm)	Altura (cm)	Área foliar	
	20/12/16			Comprimento (cm)	Largura (cm)
1		1.8	5.8	3.1	2.5
2		2	5.5	3.5	1.8
3		2.4	5.2	2.7	1.9
4		2.2	6.6	3.6	2.25

5		2.1	5.6	3.8	2.1
6		2.3	6.5	3.4	1.9
7		1.9	5.8	2.5	1.9
8		2.5	7.2	3.9	2.6
9		1.7	5.9	2.6	1.7
10		1.65	5.5	3.8	1.8

A tabela acima representa as características biométricas das plantas de espinafre marcadas fora da estufa em 20/12/16. As características biométricas estudadas são a distância entre os entrenós, a altura da planta e a área foliar.

Quadro n.º (4.10)Fora da Shadenet em 25/12/16

Número do centro	Data	Distância entre entrenós (cm)	Altura (cm)	Área foliar	
	25/12/16			Comprimento (cm)	Largura (cm)
1		3.8	5.7	4.1	2.5
2		3.6	6.6	4.3	2.6
3		3.5	6.8	3.1	2.8
4		3.1	5.8	3.6	2.7
5		3.3	6.9	4.6	1.85
6		2.9	7.1	3	1.9
7		3.1	7	2.9	2
8		3	6.9	2.8	2.2
9		3.7	6.8	2.9	2.4
10		2.95	6.6	3.2	2.25

A tabela acima representa as características biométricas das plantas de espinafre marcadas fora da estufa em 25/12/16. As características biométricas estudadas são a distância entre os entrenós, a altura da planta e a área foliar.

Quadro n.º (4.11)No interior da Shadenet em 25/12/16

Número do centro	Data	Distância entre entrenós (cm)	Altura (cm)	Área foliar	
	25/12/16			Comprimento (cm)	Largura (cm)
1		4	10	7.1	3.5
2		4.2	9.5	6.5	4.1
3		4.3	9.2	6.7	4.5
4		4.5	9.6	6.6	4.6

5		4	9.65	6.2	4.8
6		3.9	9.5	6.3	4.9
7		4.1	9.8	6.4	4.85
8		4.3	9.2	5.9	4.6
9		3.8	9.5	5.6	3.7
10		4.65	9.9	6.8	4.8

A tabela acima representa as características biométricas das plantas de espinafre marcadas fora da estufa em 25/12/16. As características biométricas estudadas são a distância entre os entrenós, a altura da planta e a área foliar.

Quadro n.º (4.12)Fora da Shadenet em 30/12/16

Número do centro	Data	Distância entre entrenós (cm)	Altura (cm)	Área foliar	
	30/12/16			Comprimento (cm)	Largura (cm)
1		4	8.7	5.9	3.5
2		4.5	7.5	6.2	3.6
3		4.3	8.3	6.4	3.4
4		4.1	8.4	6	3.3
5		4.4	8.9	5.85	3.5
6		4.2	8.3	5.75	2.8
7		4.1	8	6.1	3
8		4	7.9	6	3.1
9		4.7	8.8	5.95	3.2
10		4.95	8.6	6	3.7

A tabela acima representa as características biométricas das plantas de espinafre marcadas fora da estufa em 30/12/16. As características biométricas estudadas são a distância entre os entrenós, a altura da planta e a área foliar.

Quadro n.º (4.13)No interior da Shadenet em 30/12/16

Número do centro	Data	Distância entre entrenós (cm)	Altura (cm)	Área foliar	
	30/12/16			Comprimento (cm)	Largura (cm)
1		6.1	13.2	9.2	7
2		6.2	13.45	9	6.9
3		6	14	9.3	6.7
4		6.5	13.8	9.4	6.6

5		6.6	13.9	9	6.4
6		6.4	13.7	9.5	6.5
7		6.1	14.1	9.6	6.3
8		6.3	14.5	9.1	6.2
9		6.4	14.4	9.4	6.1
10		6.7	13.9	8.95	6.5

A tabela acima representa as características biométricas das plantas de espinafre marcadas fora da estufa em 30/12/16. As características biométricas estudadas são a distância entre os entrenós, a altura da planta e a área foliar.

FASES DE CRESCIMENTO DA CULTURA;

Quadro n.º (4.14) Em campo aberto

Fases de crescimento das culturas	N.º de folhas	Altura média da planta (cm)	Distância da folha (cm)
5 dias	2	1.1	0.42
7 dias	2	2,0 cm	0.6
15 dias	4	6 cm	1.3
30 dias	6	10 cm	4

Quadro n.º (4.15)Em casa de shadenet

Fases de crescimento das culturas	N.º de folhas	Altura média da planta (cm)	Distância da folha (cm)
5 dias	2	2,1 cm	0.4
7 dias	2	4,1 cm	0.8
15 dias	4	9,3 cm	1.5
30 dias	6	18 cm	5

Gráficos que representam as fases de crescimento das culturas

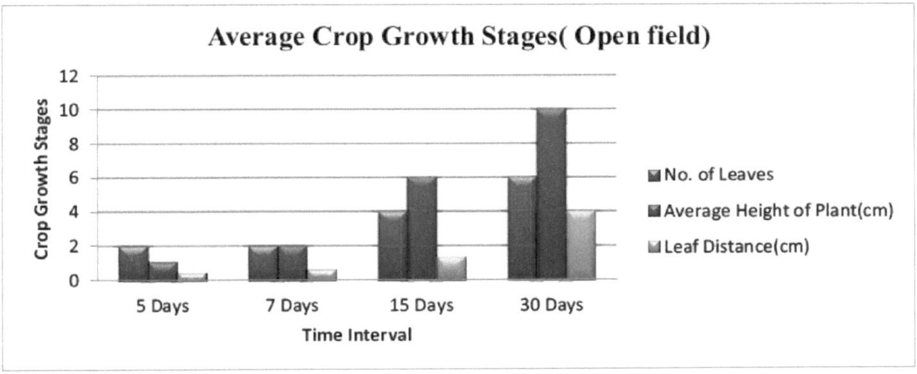

O gráfico acima representa as fases de crescimento das culturas de espinafres cultivadas em campo aberto, ou seja, fora do shadenet. O número de folhas, a altura média e a distância entre os entrenós são apresentados no gráfico com um intervalo de 5 dias para o mês de dezembro.

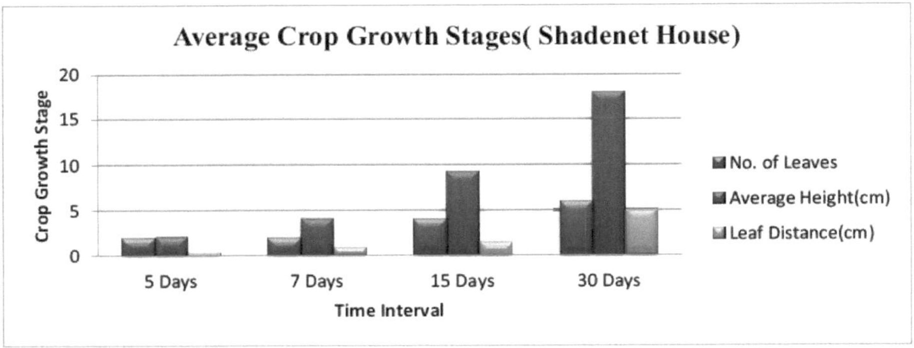

O gráfico acima representa as fases de crescimento das culturas de espinafres cultivadas no interior do shadenet. O número de folhas, a altura média e a distância entre os entrenós são apresentados no gráfico com um intervalo de 5 dias para o mês de dezembro.

Rendimento

A colheita foi efectuada 45 dias após a sementeira. O rendimento da cultura de espinafres obtido foi de cerca de 1,5 kg numa área de 0,75 metros quadrados com 30 g de sementes. Assim, verificou-se que o cultivo de vegetais de folha através do desenvolvimento de uma estrutura hidropónica de fluxo profundo aumentou.

CAPÍTULO 5

RESUMO E CONCLUSÃO

O estudo foi realizado sobre o "Desenvolvimento de uma estrutura hidropónica de fluxo profundo" para o cultivo de espinafres em cultura sem solo. O meio utilizado para a cultura foi a esponja. A água de irrigação foi controlada diariamente, e as leituras da temperatura, da humidade relativa e do teor de humidade foram efectuadas diariamente. As características biométricas das plantas também estavam a ser estudadas.

Do presente inquérito foram retiradas as seguintes conclusões,

1. O "Desenvolvimento de uma estrutura hidropónica de fluxo profundo para o cultivo de vegetais de folha foi concebido e instalado com sucesso por nós.

2. A germinação mais elevada foi alcançada, ou seja, 100% no nosso sistema hidropónico, o que foi 26% mais do que a percentagem de germinação indicada pela empresa produtora de sementes.

3. O rendimento do espinafre em sistema hidropónico de fluxo profundo foi quase o dobro do rendimento obtido em condições de campo aberto.

4. O cultivo de produtos hortícolas de folha utilizando uma estrutura hidropónica de fluxo profundo permitiu aumentar a área de cultivo em relação ao campo.

5. Ao estudar os caracteres biométricos, observou-se que o crescimento das culturas no interior da casa de shadenet era muito melhor do que no campo aberto.

6. Na Casa Shadenet, o crescimento das culturas sob a rede verde foi melhor do que o da rede branca.

7. A cultura de espinafres em campo aberto era mais suscetível a danos devido à luz solar intensa e a outros parâmetros, pelo que se verificou um amarelecimento das folhas nos espinafres em campo aberto.

8. A diferença de temperatura entre a casa de shadenet e o campo aberto foi de 5-6 °C e a diferença de HR foi de 8-9%.

9. Observou-se que o crescimento das culturas no interior da estufa foi muito melhor do que ao ar livre. O rendimento do espinafre no sistema hidropónico de fluxo profundo foi de 5,5 kg por 0,75 m2 de área, ou seja, (733 q/ha) duas vezes mais do que o rendimento obtido em condições de campo aberto.

BIBLIOGRAFIA

Relatório do Centro Asiático de Investigação e Desenvolvimento dos Produtos Hortícolas (AVRDC) (1998).

Beibel J. P. (I960), Hydroponics -The Science of Growing Crops without Soil. Florida Department ofAgric. Bull. p. 180. Florida.

Bardwaj R. L. (2014), Efeito do meio de cultivo na germinação de sementes e crescimento de mudas de papaia cv. "Red lady", African Journal of Plant Science, Vol. 8 (4), pp. 178-184.

Butler e Oebker (2006), Hydroponics as a Hobby, Growing Plants Without Soil. Circular 844. Gabinete de Informação, Faculdade de Agricultura, Universidade de Illinois, Urbana, IL61801.

Dayananda e Whundeniya (2001), Effect of Different Hydroponic Systems and Media on Growth of Lettuce under Protected Culture, Sri Lnka.

De Kreij C, Voogt W, Baas R (1999), Nutrient Solutions and Water Quality for Soilless Culture. Estação de Investigação para Floricultura e Hortaliças em Estufas (PBG), Naaldwijk, Países Baixos, Brochura 196.

Dr. William F. Gericke (1929), The Complete Guide to Soilless Gardening, Universidade da Califórnia.

Ellis N. K. *et.al* (1974), Nutriculture Systems, Growing Plants without Soil. Boletim da Estação No. 44, Universidade de Purdue, Lafayette, Indiana.

Harley N Smith (2013), Hydroponic Herb production, Diretor Executivo daPro-Hydro Tech, Europa.

Hershey D. R (2008), Solution Culture Hydroponics. História e equipamento económico.

Vol. 56, No. 2, pp. 111-118, América.

John W. Bartok (1989), Ornamental Northwest Archives, Jr. Especialista em Engenharia Agrícola de Extensão, Universidade de Connecticut, Storrs, Vol. 13, Número 5, Páginas 13-14.

Maharana L. e Koni D. N. (2011), The Emergence ofHydroponics Yojana (junho). 55: 39-40.

Mamta D. Sardare (2013), Uma revisão sobre plantas sem solo em hidroponia, Vol. 2, pp 299304

Professor Assistente, MIT Academy of Engineering Alandi, Pune, Maharashtra, Índia.

Masoud Torabi *et. al* (2012), The Role of Hydroponics Technique as a Standard Methodology in Various Aspects of Plant Biology Researches.

R .Shanmugasundaram *et.al* (2014), Coco-pit- An Alternative artificial Soil ingredient for the Earthworm toxicity Testing, Journal ofToxicity and Environmental Health Sciences, Vol. 6(1), pp. 5-12. Tamilnadu, Índia.

Ramasamy Rajesh Kumar e Jae Young Cho (2014), Reuse ofHydropomc Waste Solution Environmental Science and Pollution Research, Vol. 21, Issue 16, pp. 9569-9577. 29

Singh S. e Singh B. S. (2012), Hydroponics a Technique for Cultivation ofVegetables and

Medicinal Plants. In proceedings of 4th global conference on Horticulture for Food, p. 220. Bhubaneshwar, Odisha, Índia.

Libia I. Trejo-Tellez e Fernando C. Gomez-Merino Colegio de Postgraduados, Montecillo, Texcoco, Estado do México, México Soluções de nutrientes para sistemas hidropónicos

Abrar H. Shah, Sher Muhammad, Safdar H. Shah, Shamsul Muneer e Masoodur Rehman, Comparação de duas receitas de soluções nutritivas para a cultura de espinafres num sistema hidropónico sem circulação.

Brechner, M. e D. deVilliers. 2012 Manual para a produção de espinafres hidropónicos cultivados em CEA. Comell Controlled Environment Agriculture (CEA). Comell University.

S .Nxawe, C. P. Laubscher e P. A. Ndakidemi* ,Faculty ofApplied Science, Cape Peninsula University ofTechnology, Cape Town Campus, Keizersgracht, P. O. Box 652, Cape Town 8000, África do Sul Estudou o efeito da temperatura regulada da água de irrigação na produção hidropónica de espinafres *(Spinacia oleracea* L.)

Primitive Jose Asantos &Eureka Teresa Mocampo Snap hydroponics: desenvolvimento e potencial para a produção urbana de vegetais

Murali Mugundhan. R*, Soundaria. M, Maheswari. V, Santhakumari. P e Gopal. "HYDROPONICS"- uma nova alternativa para o cultivo geopónico de plantas medicinais e culturas alimentares.

AatifHussain*l, Kaiser Iqbal*l, Showket Aziem*l, Prasanto Mahato*2, A.K. Negi*

Sobre a ciência do cultivo de culturas sem solo (cultura sem solo) - uma nova alternativa para o cultivo de culturas

Jensen, M.H. 2002. Hidroponia de fluxo profundo - Passado, presente e futuro

Libia I. Trejo-Téllez e Fernando C. Gomez-Merino

Colégio de Pós-Graduados, Montecillo, Texcoco

Soluções de nutrientes para sistemas hidropónicos

Shantanu Kumar Saha ,An Alternative Livelihood Practice through Indigenous Hydroponic Agriculture in Flood-prone Bangladesh .

Harry Ako, How to Build and Operate a Simple Small-to-Large Scale Aquaponics System (Como construir e operar um sistema aquapónico simples de pequena a grande escala).

Nicholas A. Heredia Conceção, construção e avaliação de uma torre hidropónica vertical

Departamento de Agricultura, Ministério da Agricultura, Srilanka Diferentes tipos de sistemas hidropónicos

Xin Zhangl,2 , Xiaojun Qiaol,Wengang Zheng2,*, Cheng Wang2 , Yunhe Zhang2

A conceção de um equipamento portátil para a aquisição de informações sobre o ambiente da estufa com base no serviço de voz

B. A. Kratky,

Um método hidropónico não circulante em vaso com rede suspensa para a produção comercial de alfaces de folha, romaine e semi-hortelã

Brianna L. Lawrence , Cultivo de plantas num sistema hidropónico vs. um sistema tradicional baseado no solo: uma comparação de custos, crescimento e manutenção.

A Elia, P Santamaria e F Serio , Nutrição azotada, rendimento e qualidade dos espinafres

Esmail Babakhanzade Sajirani*l, Mohammad Javad Shakouri2 e Saeed Mafakheri3

Resposta da produção de espinafres (Spinacia oleracea) e da absorção de nutrientes à ureia e ao estrume

Jaya Sharma e Sunita Agarwal ,O impacto dos fertilizantes orgânicos no crescimento, rendimento e qualidade dos espinafres

Vertical Farm Video, Jornal de Vídeo Discovery Channel, 23 de abril de 2009.

www.makehydroponics.com Retried 20 de setembro de 2011.

www.herbgardning.com

www.hydroponicexpress.com

MIX
Papier aus verantwortungsvollen Quellen
Paper from responsible sources
FSC® C105338

Printed by Books on Demand GmbH, Norderstedt / Germany